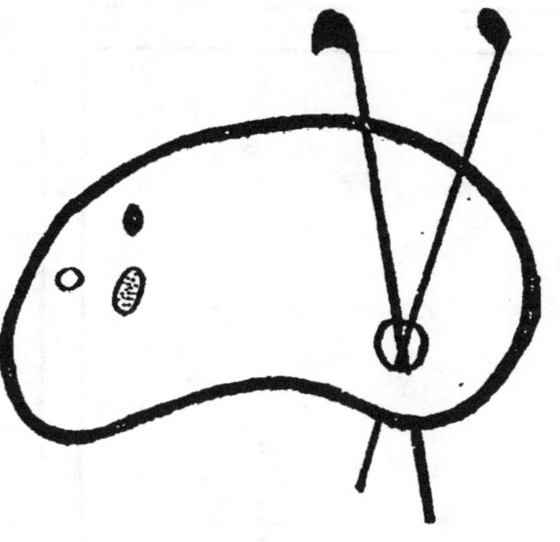

DEBUT D'UNE SERIE DE DOCUMENTS
EN COULEUR

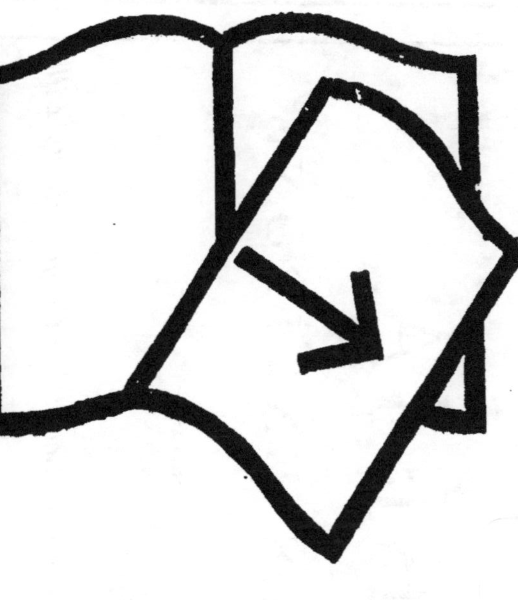

Couverture inférieure manquante

BÉJA

ET SES ENVIRONS

Communication faite à la Société de Géographie de Lille

PAR

M. V. DURAFFOURG

Capitaine au 80ᵉ régiment de Ligne.

LILLE

IMPRIMERIE L. DANEL.

1886.

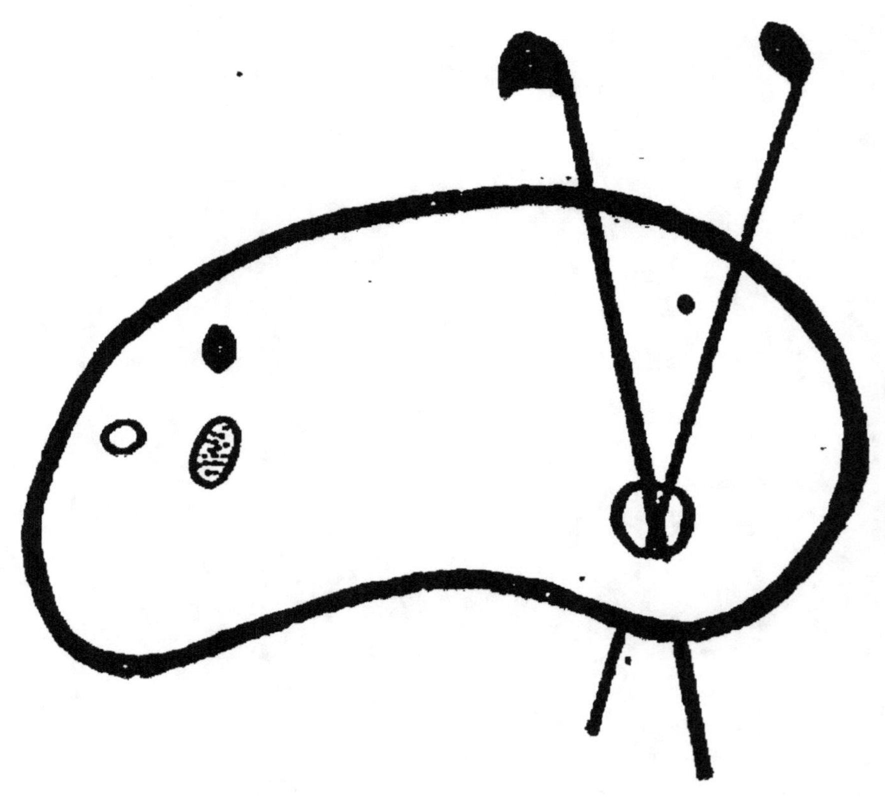
FIN D'UNE SERIE DE DOCUMENTS
. EN COULEUR

BÉJA ET SES ENVIRONS

BÉJA

ET SES ENVIRONS

Communication faite à la Société de Géographie de Lille

PAR

M. V. DURAFFOURG

Capitaine au 80ᵉ régiment de Ligne.

LILLE

IMPRIMERIE L. DANEL.

1886

BÉJA ET SES ENVIRONS

Communication faite à la Société de Géographie de Lille

Par M. V. DURAFFOURG, capitaine au 80ᵐᵉ de ligne (1).

I. — BÉJA.

Résumé historique.

Les Romains divisaient le Nord de l'Afrique, de l'Ouest à l'Est, en Mauritanie, Numidie et l'Afrique.

L'Afrique proprement dite (Afrique proconsulaire Ifrikia, correspondait à la Tunisie actuelle et à la Tripolitaine ; c'était un des greniers de Rome - Ferax Africa) dont le nom est conservé par une partie de la vallée de la Medjerda, appelée encore Frijia.

Après la ruine de Carthage (145 ans avant J.-C.), lorsque les Romains colonisèrent le Nord de l'Afrique, ils l'abordèrent principalement par les rivages de l'Est, c'est-à-dire par la façade tournée vers l'Orient, du cap Bon au golfe de Gabès. Ils vinrent ensuite s'installer sur les terres des anciennes colonies phéniciennes et fondèrent successivement de grandes cités, dont les ruines immenses nous frappent d'étonnement. L'amphithéâtre d'El-Djem est, après celui de Rome, le plus vaste que l'on connaisse.

En 430, vinrent ensuite les invasions barbares de l'Ouest par les rivages d'Espagne.

Plus tard, les Byzantins reprirent possession du pays pendant un

---

(1) Dans cette communication, M. Duraffourg résume les travaux qu'il a accompli dans la région de Béja en 1883.

siècle environ, c'est-à-dire de 553 à 620, de sorte qu'en résumé, ce furent les parties orientales du Nord de la Tunisie qui subirent le plus profondément et conservèrent le mieux l'empreinte de la culture romaine.

Les populations Berbères, qui depuis des siècles avaient plié sous le joug des Romains et des Byzantins, toutefois sans perdre leur individualisme, virent d'abord en eux des libérateurs, leur prêtèrent leur appui et, fort indifférentes en matière religieuse, comme elles le sont encore aujourd'hui dans cette contrée, elles acceptèrent facilement l'Islamisme. Cependant, les Berbères s'aperçurent bientôt que la tyrannie religieuse musulmane était aussi lourde que la tyrannie des exarques Byzantins ; elles s'allièrent de nouveau à ceux ci et repoussèrent les Arabes.

En 688, de nouvelles bandes Arabes armées, accoururent de l'Orient, balayèrent les Berbères, les refoulèrent dans les montagnes et traversèrent rapidement le Nord de l'Afrique. Vingt ans après, en 711, elles étaient passées en Espagne, avaient écrasé les Visigoths à la bataille du Guadolito et planté l'étendard du Coran sur la terre Européenne.

Ces Arabes. qui laissèrent de si magnifiques traces de leur industrie, de leur science agricole et même de leur génie littéraire et artistique, qu'avaient-ils de commun avec les tribus errantes de nos jours ?

Celles-ci nous présentent l'image exacte des sociétés pastorales des temps bibliques, elles sont depuis l'origine de l'histoire, immobilisées dans une existence appropriée au pays qu'elles parcourent ; elles ne pourraient la modifier, et n'ont jamais su planter un arbre, comme on le verra plus tard, ni tailler une pierre, aussi leurs villes ne sont que des agglomérations de ruines qu'elles ne songent même pas à réparer. Entre leurs mains, qu'est devenue Kairouan, la plus grande métropole religieuse et littéraire ? Qu'est devenue Béja qui, au XVe siècle, passait pour l'une des plus commerçantes de toute la Tunisie. C'est ce qu'on verra plus tard.

Cette race s'est donc éteinte après avoir traversé l'Occident comme un météore brillant, ou bien le souffle stérilisant de l'Islamisme en a-t-il desséché la sève ? C'étaient des Orientaux que l'idée religieuse avait momentanément galvanisés et qui, portés par un prodigieux élan jusqu'aux limites connues, venaient étonner les Barbares autant par l'élégance de leurs mœurs et la délicatesse de leur esprit, que par l'enthousiasme de leur foi religieuse; mais ce n'étaient point des Arabes, ce n'étaient point du moins les frères de sang des tribus auxquelles de nos jours on applique ce nom.

L'Arabe actuel est incapable de créer, de prévoir, il n'a jamais été qu'un destructeur. Son royaume n'est pas de ce monde. En fait, il ne connaît et ne désire rien en dehors de la vie traditionnelle de la tente et du soin des troupeaux, se contentant, lorsqu'une région est épuisée, de lever leurs campements et de porter la dévastation plus loin ; de sorte que le pays est épuisé, ruiné et que la production n'est même plus suffisante pour leur nourriture, tandis qu'autrefois la même terre nourrissait une population décuple.

Béja est la même ville qui, dans quelques éditions de Salluste, est mentionnée sous le nom de *Vacca* ; d'autres éditions, en effet, portent *Vaga*, dénomination conforme à l'une des inscriptions ci-après.

C'était, à l'époque de Jugurtha, une cité riche et commerçante, que visitaient et même habitaient beaucoup de marchands Italiens, car voici comment s'exprime Salluste :

« Erat, hanc abeo itinere qua Metellus pergebat, oppidum Numida-
» rum, nomine Vacca (Vil Vaga) forum rerum venalium totius regni
» maximum celebratum, ubi et incolare et meriari consueverant italii
» generis multi mortales. »

Cette ville se soumit d'abord volontairement aux Romains ; mais ensuite, ayant, à l'instigation de Jugurtha, massacrée par surprise, pendant une fête publique, la garnison qu'elle avait reçue dans ses murs, Metellus lui fit expier cruellement cette défection et la livra en proie à ses soldats.

Plutarque, dans la vie de Marius, nous transmet à ce sujet les mêmes détails que l'historien latin. Il est à remarquer qu'il écrit le nom de Βάγα, dénomination à peu près identique, sauf une légère différence de prononciation, à celle que la ville porte encore aujourd'hui. On n'ignore pas que dans la langue grec le B était ordinairement prononcé comme *le* V des Latins.

Pline la cite sous le nom d'*Oppidum Vagence*. A l'époque chrétienne, elle était la résidence d'un évêque, sous Justinien, comme nous le savons par Procope, qui écrit Βάγα à l'exemple de Plutarque, ce qui ne doit pas nous étonner, puisqu'il écrivait également en grec. Les murs d'enceinte qui entouraient jadis cette place, furent relevés, et elle fut elle-même appelée *Theodirias*, en l'honneur de l'Impératrice.

C'est donc à cet Empereur, très probablement, qu'il faut attribuer l'enceinte actuelle, enceinte qui, par la nature et quelquefois par l'agencement irrégulier de ses blocs, accuse, comme je l'ai dit, une reconstruction du Bas-Empire, exécutée à la hâte avec des matériaux plus anciens.

A l'époque d'El-Bekri, c'est-à-dire dans la dernière partie du onzième siècle de notre ère, Béja jouissait encore d'une grande prospérité.

« Baja, dit cet écrivain arabe, renferme cinq bains, dont l'eau provient des sources dont nous parlerons plus tard ; elle possède aussi un grand nombre de caravansérails, et trois places ouvertes où se tient le marché des comestibles. Les environs de Béja sont couverts de magnifiques jardins, arrosés par des eaux courantes. Le sol est moins friable et convient à toutes les espèces de grains. On voit rarement des fèves et des pois chiches qui soient comparables à ceux de Baja, ville qui, au reste, est surnommée le grenier de l'Ifrikia. En effet, le territoire est si fertile, les céréales sont si belles et les récoltes si abondantes, que toutes les denrées y sont à très bon marché, et cela lorsque les autres pays se trouvent, soit dans la disette, soit dans l'abondance. Quand le prix des céréales baisse à Kairouan, le froment a si peu de valeur à Baja, que l'on peut acheter la charge d'un chameau pour deux dirhems (environ un franc). Tous les jours, il arrive plus de mille chameaux et d'autres bêtes de somme destinés à transporter ailleurs des approvisionnements de grains ; mais cela n'a aucune influence sur le prix des vivres tant ils sont abondants. »

Aujourd'hui, Béja est bien déchue d'une pareille richesse. La population dépasse à peine mille à quinze cents habitants. Néanmoins, ses environs sont si fertiles, principalement en céréales, qu'elle est toujours demeurée l'un des plus importants marchés, pour le commerce des grains, de toute la contrée, que les Arabes désignent par l'expression générique de *Frikia* ou IFRIKIA, c'est-à-dire Afrique proprement dite, expression dans laquelle ils comprennent la plus grande partie du Nord de la Tunisie, et notamment tout le bassin de la Medjerda. (Remarquons, en passant, que cette dénomination est un souvenir de la *provincia Africa* des Romains.)

En 1883, la disette se faisait sentir dans le Sud de la Tunisie d'une manière à peu près générale, fort heureusement pour les habitants du Sud, qu'il n'en était pas ainsi dans le Nord. Pour parer à l'insuffisance de la récolte, les Arabes du Sud vinrent avec des milliers de chameaux chercher du blé à Béjà-ville et se répandirent ensuite dans les environs, après avoir, pour ainsi dire, épuisé les réserves de grains qui se trouvaient dans l'intérieur de cette ville.

Description physique de la ville de Béja.

La ville de Béjà, ancienne *Vacca* ou *Végua*, est située à l'Ouest-Sud de Tunis, à une distance de 95 ou 100 kilom. et au Sud du cap Serrat. La distance qui sépare Béja-ville de Béja-gare est de 12 kilom. environ. La ville est bâtie en amphithéâtre sur la penchant d'une haute colline. Un mur d'enceinte l'environne de toute part ; celui-ci est flanqué de distance en distance de tours carrées. Une casbah assez mal entretenue occupe le point culminant du pentagone irrégulier qu'elle forme. Dans l'intérieur de la casbah, se trouve la fontaine *Aïn-Boutaha*, dont l'eau est de très bonne qualité, elle est bien meilleure que celle de la fontaine principale qui se trouve dans l'intérieur de la ville et que les habitants désignent sous le nom d'*Aïn-Baja*. On descend à celle-ci par un escalier de plusieurs marches qui conduit à une grande cour, dont les murs latéraux sont construits en pierre de taille. A l'extrémité de cette cour, l'eau sort d'un canal antique, aujourd'hui très mal entretenu.

L'ensemble de la ville, sauf quelques parties, date très probablement d'une époque antérieure à l'invasion Arabe. Sans être antique, à proprement parler, elle est bâtie avec des anciens matériaux qui, sans aucun doute, proviennent d'une création plus ancienne, et offre tous les caractères d'une reconstruction byzantine accomplie à la hâte avec des éléments divers. On remarque sur plusieurs points une double enceinte, les matériaux employés diffèrent complètement, ce qui semblerait indiquer ou démontrer que cette ville a été construite sous divers régimes et à différentes époques.

La mosquée principale, consacrée à Sidna-Aïssa, qui se trouve dans l'intérieur de la ville, passe pour la plus ancienne de la Tunisie. Au dire du Cadi et du Kalife, Sidi-Mohamed-Ben-Jousseph, que j'ai questionné à ce sujet, elle aurait été primitivement une église chrétienne. Suivant eux, ce sanctuaire aurait même été honoré de la présence de Sidna-Aïssa (N. S. Jésus), que les musulmans vénèrent, sinon comme le fils de Dieu, du moins comme le plus saint et le plus auguste de ses envoyés.

Depuis fort longtemps, je cherchais l'occasion de visiter l'intérieur de l'ancienne basilique chrétienne, transformée en mosquée par les Arabes. La chose était fort difficile; n'étant pas musulman, il m'était défendu de pénétrer dans la mosquée. Au dire de l'interprète qui était avec moi ce jour-là (et qui lui-même était musulman) le Cadi ou le Kalife seuls avaient qualité pour m'accorder cette faveur; il fallait en passer par là, je ne voulais pas m'adresser au Cadi une deuxième fois, puisqu'il m'avait répondu qu'il ne voulait pas me l'accorder, que c'était défendu. Je fus obligé de m'adresser au Kalife que je connaissais beaucoup, et avec lequel j'étais très lié, pour le prier de vouloir bien nous accompagner et me permettre de visiter la grande mosquée intérieurement et extérieurement. Je dois dire que j'insistai beaucoup auprès du Kalife pour l'obtenir, il me répondait, à différentes reprises, qu'il n'accordait jamais cette faveur aux (Roumis-Européens) français; mais puisque tu es mon ami, je vais t'accompagner.

Après les salamaleks d'usage, j'entrais dans la mosquée; après avoir examiné sérieusement l'intérieur, je lui demande de me montrer les inscriptions *Romaines* qui s'y trouvaient, il me répondit qu'il serait fort difficile de les voir, qu'elles étaient cachées ou recouvertes de chaux. Après avoir sérieusement insisté, il me conduisit à l'extérieur de la mosquée et, muni d'une échelle et de plusieurs morceaux de fer destinés à faire disparaître la chaux qui recouvrait la plupart des caractères qui se trouvaient gravés sur une pierre assez large, je pus lire dans deux endroits différents les inscriptions suivantes :

<pre>
1°   MANICI·SARMA
            TRB. POTEST. XVI
            ANI. PARH· DIVI-NE
            SEPTIMIA. VAG. AN.

2°   ..... NN. VALE.................................
    I   DECMIVS HILARIANVS IIIL VS. VC. PRO
            ETIONVMBAILICAM   CVIVSS
            DES I DERABAT. ORN..... AFVNDA
        . GAQ. RFVINO.... ISSIMO· LEGATO· SVO.
</pre>

D'ailleurs, il était très difficile de copier exactement la forme des lettres, le temps me faisait défaut. J'ai mesuré les caractères, ils ont environ 8 ou 8,5 en moyenne de hauteur.

A la dernière ligne de la première inscription de ce fragment épigrafique, on peut lire les mots *Septimia Vag*, nom antique de la ville de Béja ; ce nom, à l'époque où fut gravée cette inscription, était *colonia septimia Vaga*. Dès que je fus possesseur de ces inscriptions, je m'empressai de remercier le Kalife et de diriger mes pas dans la direction de la demeure de M. Jeancolas, Agent consulaire Français, malheureusement il était absent ce jour-là, je fus obligé de faire demi-tour et de continuer mes recherches dans l'intérieur de la ville, en parcourant toutes les rues sans pouvoir rien découvrir. Arrivé dans le faubourg appelé Rebat-Aïn ceh-chems (faubourg de la Source du Soleil), à cause d'une fontaine connue sous cette désignation, je fus obligé d'ajourner mes recherches et je rentrai au camp.

Pour pénétrer dans l'intérieur de Béja par l'une des quatre portes principales dont ses murailles sont percées, on se perd au milieu d'un labyrinthe de rues et de ruelles irrégulièrement tracées. Deux quartiers sont presque en ruines et à peine peuplés, ce qui fait que cette ville renferme moitié moins d'habitants qu'on le suppose à première vue.

La population totale est de 1,565 à 1,600 individus ainsi répartis :

Arabes...................	de 1200 à	1300
Juifs...................	de 80 à	100
Maltais.................	de 80 à	90
Italiens................	de 60 à	70
Français................	de 45 y compris les agents	

du télégraphe et autres. Le télégraphe récemment établi par les Français nous rend de très grands services, puisqu'il nous permet de communiquer avec Tunis directement en passant par la gare de Béja. Les fils relient aussi la Régence à l'Algérie.

La porte Sud est l'une des plus fréquentées à cause de la situation qu'elle occupe par rapport à la route qui conduit à la gare de Béja, A l'entrée de la porte, figurent MM. Jeancolas, agent consulaire français, et Pister, adjoint du génie, accompagnés de Sidi-Hassem, interprète auxiliaire du bureau des renseignements du cercle de Béja, à côté divers personnages arabes.

Camp de Béja.

Le camp de Béja, situé à 1,400 mètres environ, au Nord de la ville de ce nom, est établi sur la naissance d'une croupe dont le sommet se trouve à l'Ouest. L'altitude de ce point est de   mètres; il est dominé au Nord par le Djbel-Meskine. A la côte 460 (voir le croquis des environs de Béja), un poste d'observation y avait été placé par ordre du commandant supérieur du cercle de Béja; il avait pour mission de veiller à la sécurité de la troupe et de surveiller les abords du camp. Une petite baraque en planches servait d'abri aux hommes de garde. La position avait été fort bien choisie. De ce point, la sentinelle pouvait très facilement observer : Béja au Sud ; la plaine et une bonne partie de la vallée à l'Est ; le chemin de Mohamed-ben-Ali au Nord.

Pendant le séjour du 57e et du 142e de ligne au camp de Béja, MM. les officiers avaient pris l'initiative (comme le 92e à Zaghouan) de faire construire pour eux et pour la troupe des baraques en pierre ou torchis ; ces baraques étaient destinées à remplacer avantageusement les grandes tentes qui leur servaient d'abri. Plus tard, le génie prit la direction des travaux commencés, fit construire pour la troupe des baraques en planches recouvertes en toile, des écuries pour les chevaux et mulets, une ambulance-hôpital, et, en dernier lieu, un logement pour le médecin en chef. Ce dernier a été solidement construit et fort bien aménagé.

Par suite de la rentrée en France des bataillons désignés ci-dessus, le 10 octobre 1882, le 2e bataillon du 92e de ligne quittait Zaghouan pour se rendre à Béja, en passant par Bou-Amida, Gueblat, Medjez-El-Bab, Oued-Zuergua et Béja.

En 1883, le cercle des officiers, qui avait été commencé par nos prédécesseurs, fût achevé par le 92e, sous la direction de M. le capitaine Marsan, qui, du reste, s'est fort bien acquitté de cette mission. Ce corps de bâtiment était divisé en trois parties : 1° Bibliothèque ; 2° Salle de jeux ; 3° Logement pour les employés du cercle, etc.

La bibliothèque était fort bien aménagée et suffisamment pourvue de plusieurs belles collections de livres scientifiques et militaires. Grâce au bon concours du Ministre de la Guerre (M. le général Billot), cette installation, bien qu'incomplète, procurait néanmoins à MM. les officiers les éléments nécessaires, pour pouvoir travailler d'une façon plus sérieuse et plus assidue. En dehors des heures de travail, ils pouvaient aussi prendre quelques récréations en commun ; c'était, du reste, bien permis dans un pays aussi désert, et où il n'y avait en dehors, aucune distraction, si ce n'est la chasse.

Objets trouvés dans l'intérieur des tombeaux par les officiers du 92ᵉ de ligne, à la suite des fouilles qui ont été faites au camp de Béja (Tunisie).

Tous les vases ou objets dessinés dans ce petit travail, ont été recueillis dans une nécropole mise à jour dans le camp de Béja.

Chaque tombeau se compose d'une chambre à peu près de forme carrée, et dans laquelle on ne peut entrer qu'en se baissant. On y descend en pénétrant par un trou vertical, large de 0.60 cent., et long de 1 mètre. Le tout est creusé dans le roc à la façon des tombeaux de l'époque phénicienne. L'ouverture est comblée de grosses pierres enchevêtrées.

Chaque tombeau est une espèce de caveau de famille et contient au moins quatre squelettes. Un seul de ces tombeaux contenait des urnes cinéraires et un sarcophage en pierre.

Nécropole de Béja.

Le hasard nous fait souvent découvrir les choses les plus cachées, le fait suivant va nous le prouver encore une fois de plus.

Le 4 février 1883, le capitaine Vincent, chef des bureaux des renseignements à Béja, voulait assainir son logement en cherchant à empêcher l'humidité de pénétrer par le soubassement. Pour arriver à ce résultat, il avait résolu de faire enlever la terre qui se trouvait à proximité de sa maison (lisez baraque). Une dizaine de prisonniers arabes avaient été employés à ce genre de travail. Après avoir fait enlever une couche de terre d'environ 0ᵐ50 cent. environ, la nature du sol, de friable qu'elle était, devint tout à coup dure comme de la pierre. Pour vaincre cette résistance, le capitaine Vincent fut obligé d'avoir recours

à la pioche, à la pince, etc., etc., et à la suite d'un travail assez labo-
rieux, il eût la bonne chance de découvrir une chambre sépulcrale,
(ou tombeau phénicien), dans laquelle il fit une trouvaille qui consistait
en différents objets, tels que : médailles, bracelets, broches, anneaux,
monnaies, lampes, amphores et lacrymatoires, ce dernier objet ainsi
dénommé parce que les antiquaires supposaient que ces vases avaient
servi à recueillir les larmes des parents ou des pleureuses gagées qui
assistaient aux funérailles. Mais il est constant aujourd'hui que ces
prétendus lacrymatoires étaient simplement destinés à contenir les
baumes et les parfums dont on arrosait les bûchers et les cendres
des morts.

Sur l'une de ces médailles, se trouvait l'effigie d'Astarté, génie des
Carthaginois, assise sur un lion et courant le long d'une source qui
découle d'un rocher. Ces différents objets étaient assez bien conservés.

Cette première découverte devait non seulement encourager le
capitaine Vincent à poursuivre ses recherches, mais encore attirer
l'attention de MM. les officiers du 92ᵉ (2ᵉ bataillon) qui se trouvaient
campés sur cette nécropole. En effet, les officiers de ce bataillon,
commencèrent par sonder le terrain qui se trouvait à proximité du
bureau des renseignements, et, après une demi-journée de travail, le
capitaine Desblancs retirait d'une chambre sépulcrale, une amphore de
1ᵐ,20 de hauteur, et 0,85 centim. de circonférence (à la partie cen-
trale), fermée à sa partie supérieure avec un enduit de plâtre. Plus
tard, M. le lieutenant de Lespin, à la suite des fouilles qu'il avait faites,
découvrait divers objets, tels que : lacrymatoires, amphores, lampes,
monnaies, coupes et un sarcophage d'enfant ayant environ 0ᵐ,80 cent.
de longueur et 0,50 cent. de largeur.

A l'intérieur et au fond de l'une de ces coupes (en terre cuite), un
corps de femme dessiné en relief, jusqu'au-dessous des seins, tenant
dans la main gauche une tête (voir la planche V). Cette coupe était fort
bien conservée, d'une beauté artistique tout à fait remarquable pour
l'époque. M. le lieutenant Louis, de ce bataillon, est l'heureux
possesseur de cet objet d'art.

Ne voulant pas laisser le soin à mes camarades d'emporter tout ce
qu'ils avaient trouvé, et désireux de posséder quelques-uns de ces
objets comme souvenir de la nécropole de Béja, j'ai demandé et obtenu
deux lacrymatoires et une amphore que je conserve précieusement.

Quant à l'amphore trouvée par M. le capitaine Desblanc, elle a été
envoyée à M. Cambon, Ministre-Résident à Tunis, pour faire partie du

(1) Ce vase contenait des ossements de poulets.

(2) Ce plat a été trouvé cassé, comme l'indique la figure, et les trous qu'il portait indiquent une réparation faite à l'aide de crampons métalliques, ainsi que cela se pratique encore aujourd'hui (1).

(1) Voir les différentes planches.

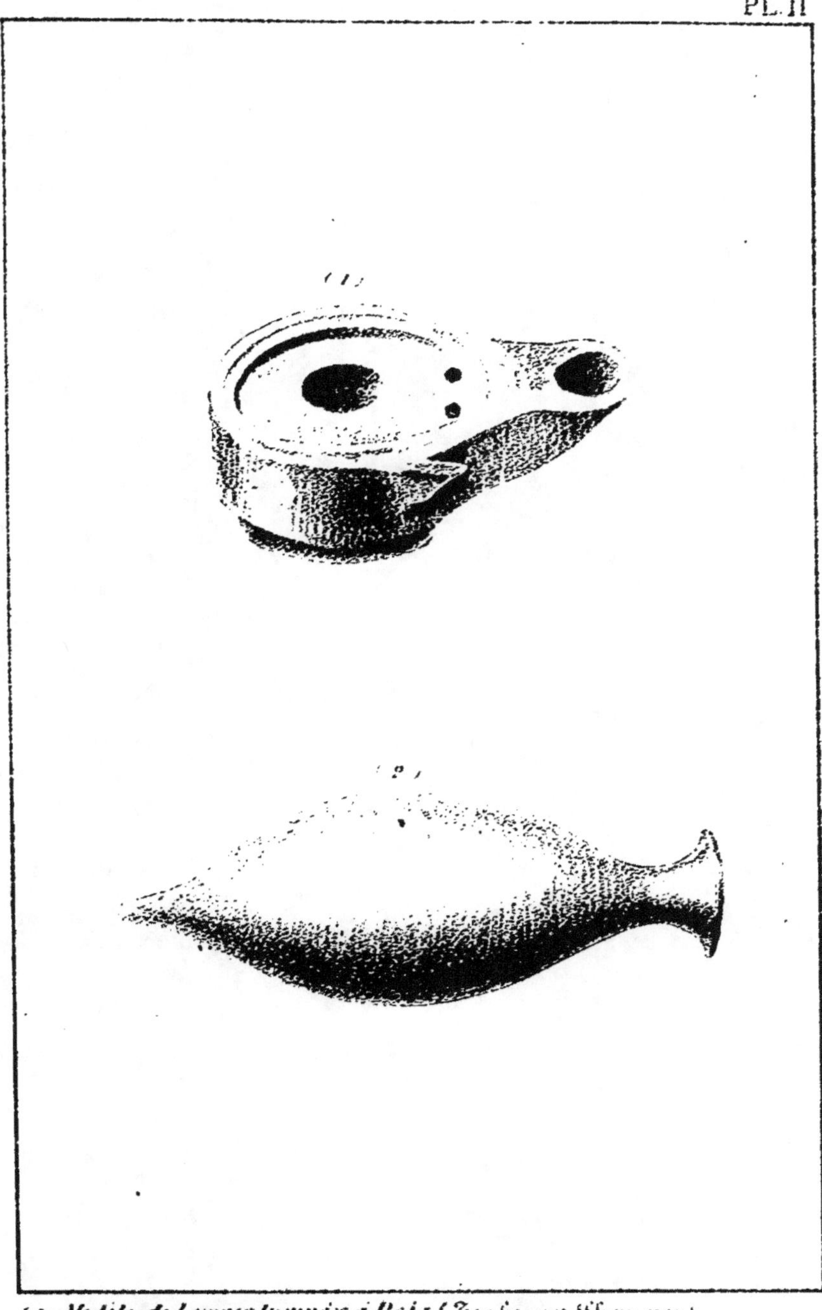

(1) Modèle de lampes trouvées à Hejt (Tombeaux Phéniciens
(2) Urne lacrymatoire.

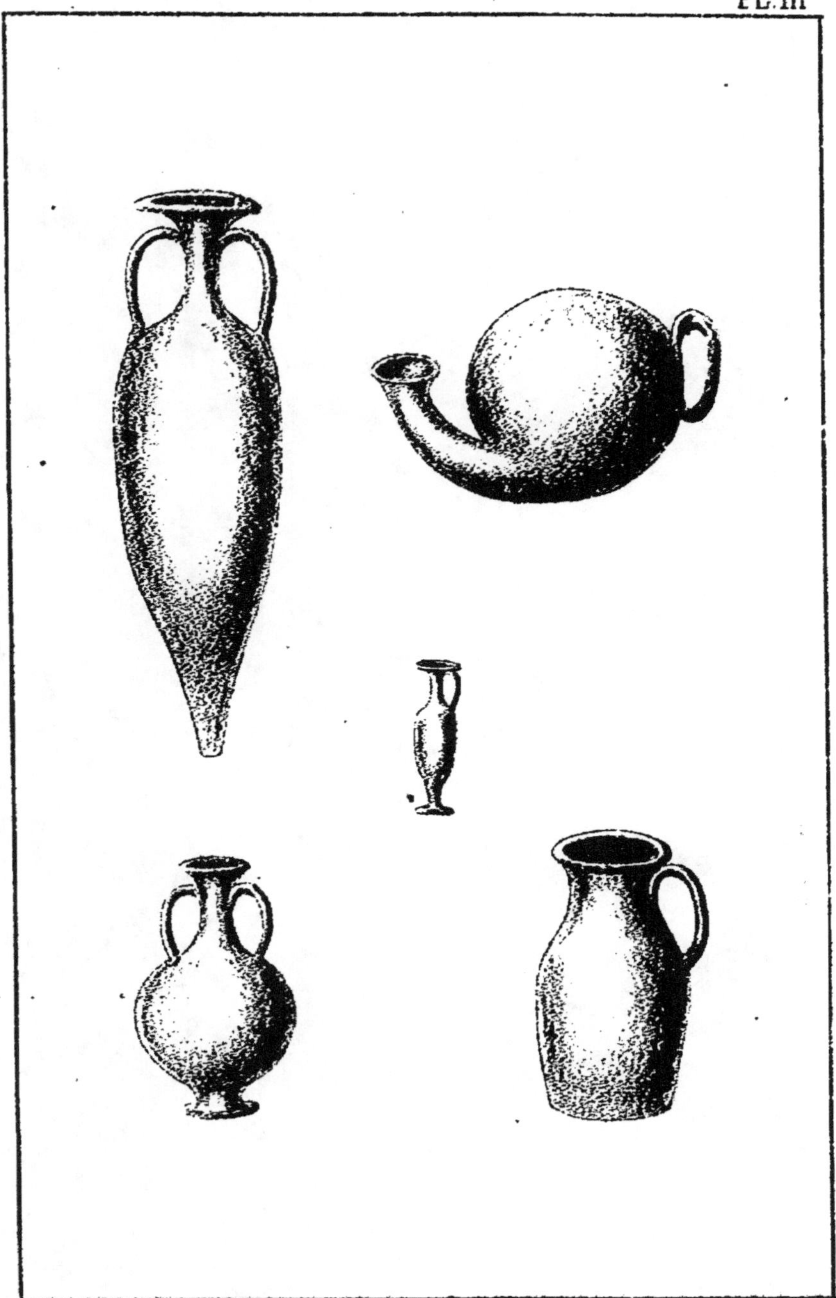

Autres Vases trouvés dans les Tombeaux au camp de Beja.

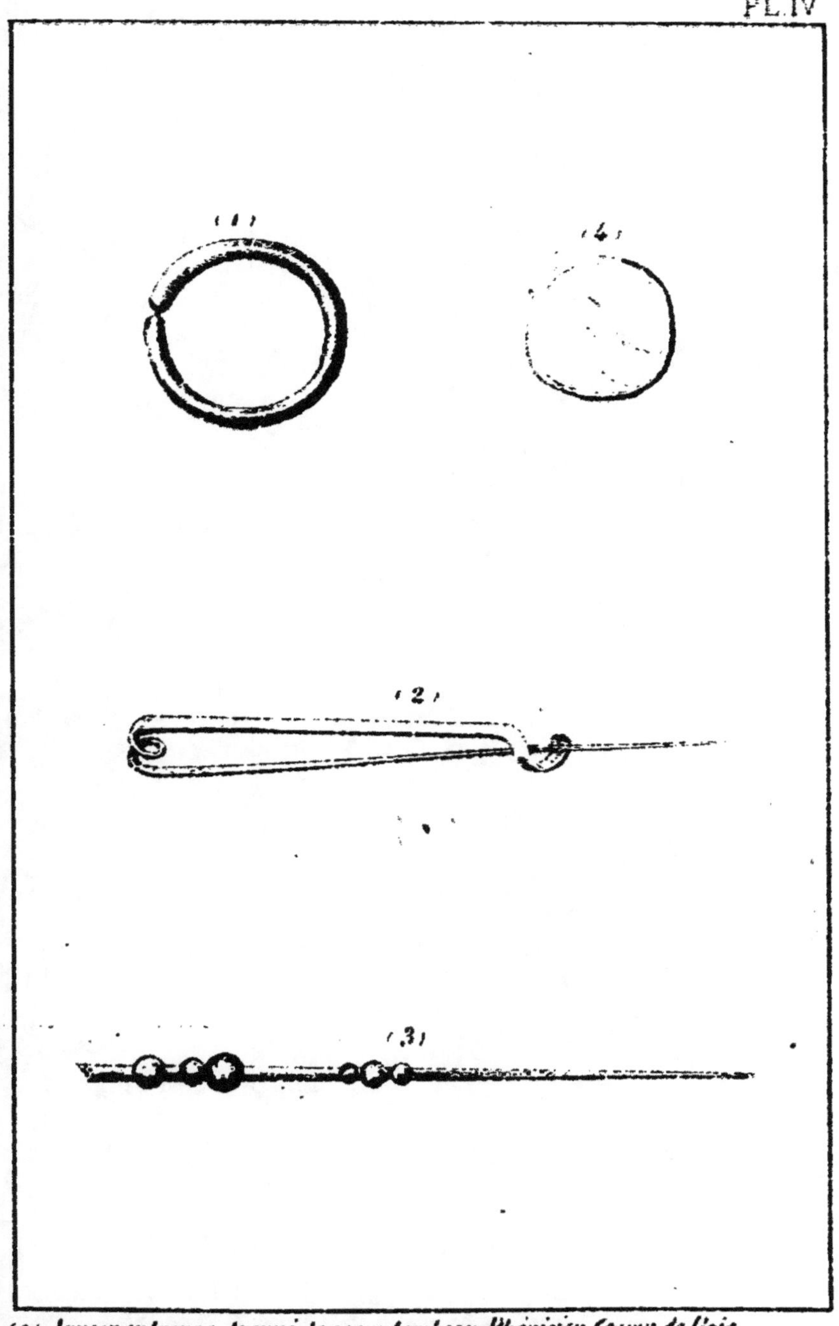

(1) Anneau en bronze trouvé dans un tombeau-Phénicien (camp de Lieja
(2) Epingle de sûreté en bronze . . . d°. . . . . . . d°. .
(3) Autre épingle en bronze . . . . d°. . . . . . . d°.
(4) Monnaie en bronze. . . . . . d°. . . . . . . d°.

Coupe trouvée au camp de Hem, dans un tombeau. — Au fond de la Coupe, à l'intérieur, un corps de femme en relief, jusqu'au dessous des seins, tenant dans la main gauche une tête.

(1) Tombeau en pierre contenant des ossements humains calcinés (1).
(2) Urne en terre cuite contenant des cendres et débris d'ossements humains. A côté de ces trois objets trouvés dans le même tombeau, gisaient d'autres squelettes qui n'avaient pas subi l'incinération et qui font croire que ces urnes contenaient les cendres de certains membres de la famille morts dans un pays où l'incinération était pratiquée, et dont les restes avaient été rapportés à Béja, pour y être déposés dans le tombeau qui servait de caveau de famille

musée de la ville de Tunis, ce musée est destiné à recevoir les objets
d'art, les statues, les inscriptions, les mosaïques que l'on rencontre à
chaque pas sur le sol de la Régence. Cette collection, d'un prix inesti-
mable au point de vue historique surtout, offrira aux numismates, aux
archéologues, à tous les hommes d'étude enfin, un intérêt de premier
ordre. La Tunisie n'est-elle pas la terre classique des grandes luttes?
Les noms d'Annibal, de Scipion, de Régulus et de Massinissa résument
à eux seuls une des époques les plus retentissantes de l'histoire de
l'antiquité. C'est ce que le gouvernement français et le gouvernement
beylical ont parfaitement compris en prenant récemment des mesures
pour préserver de la destruction les objets d'art et les monuments
anciens de la Tunisie.

Bien que les mesures qui viennent d'être prises soient un peu
tardives, elles n'en produiront pas moins un excellent résultat. Elles
auront au moins l'avantage d'empêcher:

1° Aux étrangers de s'emparer de toutes ces antiquités;

2° Aux habitants des différentes localités de la Régence, de détruire
inutilement ce qui, au point de vue de la science, devrait être conservé
et respecté. Malheureusement, il n'en a pas toujours été ainsi, chacun
a pris ce qui lui paraissait bon d'emporter et souvent même détruisait
ce qu'il était obligé d'abandonner, soit volontairement ou involon-
tairement.

Quant aux fouilles qui ont été faites dans la plupart des localités de
la Régence, elles ont été faites d'une façon inconsciente et peu métho-
dique. On aurait dû, dès le début, charger quelqu'un de compétent
pour diriger ces travaux, classer les différents objets recueillis et en
dessiner les contours.

Observations générales concernant la disposition des tombeaux Phéniciens (ou chambres sépulcrales).

D'après l'ensemble des observations faites par l'auteur, il résulte
que tout le terrain sur lequel est établi le camp de Béja actuellement,
a dû être utilisé anciennement par les Phéniciens ou les Carthaginois
pour la construction d'une quantité considérable de chambres sépul-
crales. La nécropole semble offrir la trace des rues et d'alignements
véritables. Tous les tombeaux ont la même orientation, tous sont du

même modèle. Le caractère en est fort simple, partout l'art Carthaginois a répété ses lignes noires avec cette monotonie qui est l'un des traits du génie oriental. Chaque tombeau est orienté de l'Est à l'Ouest ; il se compose généralement d'une chambre à peu près de forme carrée et dans laquelle on ne peut entrer qu'en se baissant. On y descend en pénétrant par un trou vertical, large de 0ᵐ,60 cent. et long de 1 mètre. Le tout est creusé dans un calcaire vif, jouissant de propriétés éminemment sarcophagiques. Il y a des caveaux à deux ou trois niches. Ce sont des espèces de caveaux de famille. L'intérieur est fort bien conservé. Les cendres et autres objets qui s'y trouvaient, devaient être à l'abri des intempéries.

Bardo (ancien palais du Bey).

Le Bardo, situé à l'Est du camp, faisait autrefois partie des maisons de plaisance de Hussein, né en 1778, mort en 1835. Actuellement, cette résidence est complètement tombée en ruines. Une partie des matériaux a été employée pour la construction d'un cercle pour MM. les officiers du 92ᵉ

Le Bardo est, sans contredit, le coin de terre le plus charmant, le plus agréable de toute cette contrée. Il est entouré de frais et délicieux vergers, où des arbres fruitiers de toute espèce sont cultivés par nos soldats. De tous côtés, circule une eau vivifiante qui ne tarit jamais et qui dérive, par de nombreuses rigoles, d'un ruisseau qui prend naissance à la source de Neptune. (Un bassin y avait été construit par les soins du 57ᵉ de ligne.) Ce ruisseau répandant sur son passage la fécondité, l'abondance, arrose notre immense jardin potager (lequel a énormément contribué à améliorer la nourriture de nos soldats et même des officiers). J'erre avec bonheur et ravissement, dans cet immense jardin, sous les épais ombrages, que je rencontre partout. De superbes oliviers, de vieux noyers épars au milieu de bosquets odorants, de citronniers, d'orangers et de grenadiers, de cognassiers, de superbes treilles me rappellent la France au sein même de l'Afrique, en même temps que les gémissements de la brise qui se joue dans la cîme des arbres, le gazouillement des oiseaux qui voltigent dans leurs branches et l'éternel murmure de l'eau qui court et serpente en sens divers sur le sol qu'elle fertilise, forment autour de moi un suave et mystérieux concert, qui me semble la voix de la nature elle-même chantant son Créateur.

Aujourd'hui, je m'aperçois que je suis moins sensible à ces charmes de la nature. Quand on est jeune, la nature parle beaucoup, mais dans un âge plus avancé, lorsque la perspective que nous avions devant nous, passe derrière, que nous sommes détrompés sur une foule d'illusions, alors la nature devient plus froide.

Pour que cette nature nous intéresse encore, il faut qu'il s'y attache des souvenirs de la société, nous nous suffisons moins à nous-mêmes; la solitude absolue nous pèse, nous éprouvons le besoin de ces conversations qui se font le soir à voix basse entre parents ou amis. Aussi, combien de fois ai-je reporté mes pensées et mes regards vers la France ?

Une cérémonie des Aïssaoua dans la mosquée de Sidna-Aïssa à Béja.

Le 17 décembre 1883, MM. les officiers du 92ᵉ de ligne, le personnel de l'infirmerie-hôpital, les officiers des bureaux des renseignements avaient été invités par le Cadi à assister à une représentation des disciples de Ben-Aïssa, qui devait avoir lieu à 8 heures du soir, dans la mosquée de Sidna-Aïssa, dont il a été déjà question au début de cette notice.

Avant d'entrer dans les détails, il est nécessaire de savoir que les disciples de Ben-Aïssa, ou les Aïssaoua, forment une secte bizarre, qui se livre dans les villes et dans les tribus Tunisiennes et Algériennes à des exercices surprenants, mais aussi profondément écœurants.

Quand on les a vus une fois, on éprouve un certain dégoût pour les adeptes de Sidi-Aïssa et on se garde bien d'assister encore à leur cérémonie monstrueuse et charlatanesque. Cependant, l'auteur de ce récit a eu la curiosité d'assister à cette dernière représentation, à seule fin de bien s'en rendre compte ; il a vu les Aïssaoua opérer la première fois à Bône en 1867, et pour la deuxième fois en 1868, et bien, malgré cela, c'est presque toujours la même mise en scène et les mêmes exercices. Le marabout Mohammed-Ben-Aïssa est le fondateur de cette confrérie. Ses adeptes prétendent que le saint marabout Ben-Aïssa leur a donné le pouvoir de supporter les plus affreuses tortures corporelles, de braver les morsures de tous les reptiles, d'avaler des clous, de manger des cactus recouverts de leurs épines, d'être insensibles aux tranchants des sabres, au contact du fer rougi, en un mot, d'être invulnérable.

Doit-on y ajouter foi ? je ne le crois ; car il est impossible qu'il en soit ainsi. Ces tours sont exécutés avec une certaine adresse, néan-moins nous avons eu, avons encore en France des prestidigitateurs qui leur sont bien supérieurs en tout, pour ne citer que Robert-Houdin, et cependant son renom de sainteté est encore loin d'être établi.

En entrant dans la mosquée où devait avoir lieu la cérémonie, un arabe se trouvait à la porte et nous dit de quitter notre chaussure, conformément aux us et coutumes des indigènes, nous fûmes obligés de nous exécuter. Du reste, ce n'était que le commencement de l'entrée en scène. En entrant dans la mosquée, un cherik nous attendait à la porte intérieure, après les salamaleks d'usage, il nous conduisit à l'endroit qui nous était réservé. Là se trouvaient des chaises apportées exprès pour nous, car les Arabes ne s'en servent presque jamais chez eux ; puis, une fois assis, un *cavoïdje* (cafetier) nous servait le café maure dans des espèces de tasses à peu près semblables à celles que nous avons en France. Tout près de nous brûlaient des parfums contenus dans des récipients ayant une forme assez bizarre. C'est une marque de respect en usage chez les orientaux, lorsqu'ils vous traitent en maître et qu'ils veulent vous rendre les honneurs. Dès que tous les préparatifs furent terminés, la séance commença de la façon suivante :

L'orchestre du Caïde débuta par une sérénade ; l'instrument dont les musiciens se servaient était une espèce de hautbois avec une anche plate et cerclée d'une rondelle de bois où s'appuyaient les lèvres des musiciens ; immobiles, les yeux baissés, ne faisant d'autres mouvements que ceux indispensables pour le placement des doigts sur les trous ; ils nous jouèrent une tonalité très élevée, une cantilène qui rappelait beaucoup la danse des almées.

La cour dans laquelle la cérémonie allait commencer, était assez vaste, entourée par des bâtiments à toits plats et crépis à la chaux ; elle s'éclairait bizarrement par des bougies et des lampes placées à terre auprès des groupes.

Les femmes de la ville s'étaient rangées sur les terrasses pour jouir à leur aise de l'horrible spectacle qui allait avoir lieu.

Les Aïssaoua s'étaient groupés au nombre d'une trentaine environ, autour du *Mokaddem* ou officiant, qui commença d'une voix lente et monotone, à réciter une prière que les adeptes accompagnaient de grognements sourds. De temps à autre, un faible coup de *darbouka* rythmait et coupait ce murmure, qui allait s'enflant peu à peu et se grossissant comme une vague avec un bruit de tonnerre lointain.

Tout à coup, un cri aigu, prolongé, chevroté, un piaulement de chouette, un sanglot d'enfant égorgé, un rire de goule dans un cimetière partit à travers la nuit comme une fusée stridente. Cette note, d'une tonalité surnaturelle, cette note aiguë, frêle et tremblée, poussée comme un soupir de hyène, méchante comme un ricanement de crocodile, éveilla dans le lointain un redoublement d'applaudissements.

Ce miaulement infernal était poussé par les femmes, qui soutiennent ce cri en frappant leur bouche avec le plat de la main pour faire vibrer le son. On ne saurait imaginer rien de plus sinistre, rien de plus affreux. Les grincements des roues des chars à bœufs qui, pendant la nuit, dans les montagnes de l'Aragon, font fuir les loups d'épouvante, ne sont, à côté de cela, que de l'harmonie rossinienne.

Cet épouvantable applaudissement parut exciter les Aïssaoua ; ils chantèrent d'une voix plus forte et plus accentuée, les joueurs de darbouka frappent leur peau d'onagre avec une vigueur et une activité toujours croissantes.

Les têtes des assistants marquaient la mesure par un petit hochement nerveux, et les femmes scandaient l'interminable litanie des miracles de Sidi-Mohammed-Ben-Aïssa de glapissements de plus en plus rapprochés.

La ferveur de la prière augmentait ; les adeptes commençaient à se décomposer ; ils remuaient la tête comme des poussah, ou la faisaient rouler d'une épaule à l'autre, la mousse leur venait aux lèvres, leurs yeux s'injectaient, leurs prunelles renversées fuyaient sous la paupière, et ne laissaient voir que la cornée ; tout en continuant leur balancement d'ours en cage, ils criaient : « *Allah ! Allah ! Allah !* » avec une énergie si furibonde, un emportement de dévotion si féroce, d'une voix si sauvagement rauque, si caverneusement profonde, que l'on aurait plutôt dit des rugissements de lions affamés, que des articulations de voix humaines. Je ne conçois pas comme leurs poitrines n'étaient brisées par ces grommellements formidables à rendre jaloux les fauves habitants de l'Atlas.

Le rythme des tambours devenait de plus en plus impérieux ; les Aïssaoua s'agitaient avec une frénésie enragée ; le balancement de la

tête, qui n'avait été exécuté d'abord que par quelques-uns, était main-
tenant général, seulement les oscillations prenaient une telle violence,
que l'occiput allait frapper les épaules, et que le front battait la poitrine
en brèche, cela bientôt ne suffit plus. Le balancement avait lieu de la
ceinture en haut, et le corps décrivait un demi-cercle effrayant ; c'étaient
les convulsions de l'épilepsie, de la danse de Saint-Guy, comme au
moyen-âge.

De temps en temps, quelque frère épuisé de fatigue, roulait à terre,
haletant, couvert de sueur et d'écume, presque sans connaissance,
mais poursuivi par le tonnerre implacable des darboukas, il tressaillait
et se soulevait par secousses galvaniques comme une grenouille morte
au choc de la pile de Volta. A cette vue, les spectateurs enthousias-
més, secouaient leurs burnous sur les bords des terrasses et faisaient
grincer, avec un bruit plus sec et plus rauque, la crecelle de leur
voix. On remettait le chaviré sur son séant, et il recommençait de
plus belle.

Un Aïssoua, considérable dans la secte, et qu'on semblait regarder
avec une sorte de terreur respectueuse, se tordait dans des crispations
de démoniaque, ses narines tremblaient, ses lèvres étaient bleues ;
les yeux lui sortaient de la tête, les muscles se tendaient sur son cou
maigre comme des cordes de violon sur le chevalet ; des trépidations
nerveuses agitaient son corps du haut en bas ; ses bras se démenaient
comme les ressorts d'une machine détraquée, avec des mouvements
qui ne partaient plus d'un centre commun, et auxquels la volonté
n'avait pris part ; on le mettait debout en le tenant sous les aisselles,
mais il se projetait si violemment en avant et en arrière, comme ces
personnages ridicules qui font des saluts grotesques dans les panto-
mimes, qu'il entraînait avec lui ses deux assesseurs, et retombait
bientôt à terre en se tortillant comme un serpent coupé, et en rau-
quant le nom d'Allah avec râle si guttural et si strident, quoique bas,
qu'il dominait le cri des adeptes, les piaulements des femmes, et le
trépignement des convulsionnaires.

Le désordre était au comble, l'exaltation touchait à son paroxysme.
Par la persistance du chant, du tambour et de l'oscillation, les Aïssaoua avaient atteint le degré d'organisme nécessaire à la célébration
de leurs rites ; le délire, la catalepsie, l'extase magnétique, la con-
gestion cérébrale, tous les désordres nerveux traduits en sanglots,
en contorsions, en raideurs tétaniques, convulsaient ces membres
disloqués et ces physionomies qui n'avaient plus rien d'humain.

Tout cela grouillait, fourmillait, trépidait, sautillait, hurlait dans un pêle-mêle hideux. Les mouvements de l'homme avaient fait place à des allures bestiales. Les têtes retombaient vers le sol comme des mufles d'animaux, et une fauve odeur de ménagerie se dégageait de ces corps en sueur.

Nous frissonnions d'horreur dans notre coin, mais ce que nous venions de voir n'était que le prologue du drame.

Se traînant sur les genoux ou les coudes, ou se soulevant à demi, les Aïssaouas tendaient leurs mains terreuses au Mokaddem, tournaient vers lui leurs faces hâves, livides, plombées, luisantes de sueur; éclairées par des yeux étincelants d'une ardeur fiévreuse et lui demandant à manger avec des pleurnichements et des câlineries de petits enfants.

« Si vous avez faim, mangez du poison », leur répondit le Mokaddem, comme le fit Sidi-Mohammed-Ben-Aïssa à ses disciples, qui s'en trouvèrent si bien, d'après la légende, dont cette cérémonie est destinée à perpétuer la mémoire.

Ce qui se passa, après que le Mokaddem eût fait signe d'apporter la nourriture, est si étrange, que je prie mes lecteurs de croire littéralement ce que je vais leur dire. Des serpents de différentes espèces, furent tirés de petits sacs et dévorés vivants par les Aïssaoua, avec des marques d'indicible plaisir; ceux-ci léchaient des pelles ou des bêches rougies au feu; ceux-là mâchaient des charbons ardents; d'autres puisaient dans des terrines et avalaient des clous, ou mordaient des feuilles de cactus dont les épines leur traversaient les joues. J'ai gardé assez longtemps plusieurs de ces feuilles épaisses et dures qui portaient l'empreinte des dents de ces étranges gastronomes.

Chacun, en dévorant sa dégoûtante pâture, imitait le cri d'un animal, qui, le rugissement du lion, qui, le sifflement de la vipère, qui, le renâclement du chameau, ou poussait des cris inarticulés, spasme de l'extase, échappements de l'hallucination, appels aux visions inconnues, perceptibles pour les croyants seuls.

II. — LES ENVIRONS DE BÉJA.

Aspect général. — Orographie.

Le pays que nous avons parcouru a pour limites, vers le Nord, les chemins des Ouchtelas jusqu'à la source de l'Oued-Béja; celui des Mogoa jusqu'à Sidi-Mohammed-Ben-Ali. Vers l'Est, la source d'Aïn-Chaallou. A l'Est-Sud, la station de l'Oued-Zergua. Au Sud, la Medjerda. A l'Ouest, Souk-El-Tnin (route d'Aïn-Draham) jusqu'à la naissance de l'Oued-Kessob.

L'aspect du système montagneux de la région reconnue, ressemble beaucoup à celui de l'Algérie; le terrain est généralement déchiqueté par des ravins formés par des ruisseaux à sec qui, à la première pluie un peu abondante, se transforment en torrents. On y rencontre de larges assises de calcaires, de grès, bouleversées, redressées, découpées par de profondes déchirures qui, par la variété et la hardiesse de leur silhouette, donnent à cette partie un relief tout particulier qui peut se comparer à celui de la Kabylie. Toutes ces élévations de terre portent l'empreinte de révolutions violentes. Les assises de grès qui les composent, de la base au sommet, sont parfois relevées presque verticalement. D'autres fois, par suite de pressions latérales, ces masses se sont infléchies et se montrent alors contournées à la manière de voûtes presque régulières. Ce qui donne à ces accidents de terrain une forme de dômes arrondis. Ces différentes élévations de terrain se relient entre elles et s'alignent suivant une direction déterminée par des chaînes sensiblement parallèles à la côte. Ces chaînes de montagnes sont séparées par des vallées étroites et profondes au fond desquelles coule une petite rivière.

L'intérieur du pays est très montueux et des plus accidenté. Les sommets de deux à trois cents mètres sont très nombreux.

Le pays renferme une assez grande quantité de sources. Il est aussi sillonné par des cours d'eau. Les vallées qu'ils arrosent sont séparées par des plateaux rocheux peu productifs, quelques-uns sont recouverts de pâturages pour la nourriture des troupeaux.

Au Nord de la Medjerda s'étend une vaste région montagneuse dont les points culminants sont : le Djebel-Arar, le Djebel-Guesna, le Djebel-Tehenot et le Djebel-Smadah et Monchar. Ces massifs montagneux sont sensiblement parallèles à la ligne du chemin de fer de Bône à Tunis, enserrant par leurs contreforts des plaines étroites, formées de petits bassins, ils viennent se jeter pour la partie méridionale dans la Medjerda qui va à la mer par l'Oued-Zergua, Medjez-el-Bab, Tébourba-Djedeida et Rhar-el-Melah où elle se jette dans la mer.

Hydrographie.

Le régime des eaux de cette contrée a beaucoup d'analogie avec celui de l'Algérie.

Dans la région parcourue, il n'y a pas, à proprement parler, de cours d'eau méritant la dénomination de fleuve, à l'exception de la Medjerda, dont l'étude ne nous incombe pas entièrement. Nous décrivons tout d'abord ses affluents de gauche :

1° L'Oued-Béja, qui prend naissance à la chaîne de montagnes du Djebel-Ed-Dharghougri au Nord de Béja, coule du Nord au Sud, du Sud à l'Est, puis de l'Est au Sud; il va se jeter dans la Medjerda, tout près de la gare de Béja. Son bassin est formé par les pentes Nord, Est et Ouest des montagnes environnantes.

Il reçoit sur sa gauche une multitude de petits affluents dont le nom nous est inconnu, ayant toutes les formes de crevasses assez profondes, aux pentes presque à pic et une longueur qui varie entre cinq et dix kilomètres. Plusieurs d'entre eux donnent peu d'eau pendant l'été, et sont, au contraire, très abondants, pendant la saison des pluies.

Le débit de l'Oued-Béja est en moyenne de 30 à 40 litres par seconde, il est presque guéable sur tout son parcours et son fond est tantôt sablonneux ou rocheux. Sa longueur est de 25 à 28 kilom. Arrivé au chemin de Medjez-el-Bab, il s'élargit et coule presque en plaine jusqu'à la Medjerda où il se jette.

L'Oued-Kessob (rivière des roseaux ; voir le croquis de l'itinéraire de Béja à Souk-el-Tnin) prend sa naissance par plusieurs têtes de ravins d'abord, et porte le nom de Oued-Bou-Hail, dans le massif de Souk-el-Tnin, puis ensuite il est grossi par un affluent de droite, qui prend sa source près du douar Sidi-Saïd, arrivé à ce point, il prend le nom d'Oued-Kessob, puis de nouveaux affluents des sources Aïn-Omeiran grossissent son cours à hauteur du Khanguet-el-Feama.

Affluents de gauche. — Les affluents de gauche sont au nombre de trois : 1° le Khanguet, qui prend naissance dans le massif du Khanguet et des Ouled-Brihim, et suit une direction Nord-Sud, se jette dans l'Oued-Kessob ;

2° Le ruisseau d'El-Fehama, qui coule du Nord au Sud et se jette dans l'Oued-Kessob ;

3° Le ruisseau El-Gueriah, qui prend naissance au massif du Khanguet, coule du Nord au Sud et se jette dans l'Oued-Kessob, après un parcours de 10 à 12 kilom. environ. Arrivé à la hauteur d'El-Guériah, 'Oued-Kessob coule du Nord au Sud, traverse le chemin de fer à 12 kilom. environ de Souk-el-Kremis et va se jeter dans la Medjerda. Son cours est d'environ 58 kilom. Son fond est rocailleux. Les berges dans la partie supérieure, sont parfois à talus assez raides, et il est souvent impossible de le traverser à gué à l'entrée du défilé du Khanguet. Il est arrivé plusieurs fois que des convois ou des détachements venant d'Aïn-Draham, ont été obligés d'attendre pendant plusieurs jours que les eaux aient diminué, pour pouvoir le traverser. Cette rivière est très poissonneuse, comme on va le voir.

Pendant les mois de mai et de juin 1883, la compagnie avait été chargée de rendre le chemin (lisez sentier) de Béja à Souk-el-Tnin, accessible aux voitures. Ce travail était assez difficile dans un pays aussi accidenté et surtout avec les moyens dont disposait le détachement. Néanmoins, les hommes se livraient assez volontiers à ce genre d'exercice. En dehors de leurs occupations journalières, quelques-uns d'entre eux se livraient à la pêche avec succès, ils apportaient au camp du détachement une quantité assez considérable de poissons (de 20 à 30 kilog.), d'une qualité inférieure, il es vrai, néanmoins, c'était pour eux une amélioration apportée à leur nourriture journalière habituelle.

C'est aussi un pays très très giboyeux, l'auteur se livrait assez facilement au plaisir de la chasse, il était aussi facile de rapporter des perdreaux ou colombes que du poisson. Une heure et même une demi-heure, suffisait pour tuer six ou huit perdreaux, et même sans se déranger de table, l'auteur a tué deux perdreaux et quatre tourterelles. Il y a lieu de remarquer que nous nous trouvions campés en plein air, à proximité de broussailles et de haies de cactus.

Le pays renferme une assez grande quantité de belles sources. Il est aussi sillonné par des cours d'eau. Les vallées qu'ils arrosent, sont séparées par des plateaux recouverts en partie de pâturages pour la nourriture des troupeaux.

Végétation. — Essences d'arbres, bois et forêts.

Les essences feuillues sont bien moins abondantes dans cette région que dans la région de Zaghouan. La végétation dépend, en grande partie, de la nature du sol et de l'abondance de l'eau.

Le long du cours de l'Oued-Kessob, on trouve sur les rives des lauriers (roses) en abondance, ils sont si épais dans certains parages, qu'il est impossible d'y circuler à cheval. Les autres arbustes, tels que le mélèze, le caroubier, l'olivier sauvage, le thuya, le lentisque, sont excessivement rares.

Il n'y a, à proprement parler, pas de forêts ni de bois.

Il en est de même le long de l'Oued-Béja, à moins de donner l'une de ces appellations aux broussailles qui couvrent les flancs des montagnes. Dans les environs de Béja, il y a quatre bosquets d'oliviers qui servent pour ainsi dire à indiquer les quatre points cardinaux.

Climat.

Le climat de la région parcourue est généralement insalubre, mais aussi la température est très mobile ; le thermomètre varie à peu près de 6 degrés en hiver à + 42 et même 44 degrés à l'ombre en été (journées du 11 et 12 juin, à Béja-camp et au camp de l'Oued-Kessob.)

Les pluies ne sont pas réparties entre les diverses saisons : des pluies diluviennes, les vents d'une très grande violence règnent pen- l'hiver et même une partie de l'été. Il est arrivé (en 1882 et 1883) plusieurs fois, au camp de Béja, que des ouragans terribles, renversaient tout sur leur passage. Des toitures entières, recouvrant les baraques de la troupe ou celles des officiers, ont été enlevées. Pour remédier à cet état de chose, des mesures de précaution avaient été prises à ce sujet. Des pierres, d'un certain poids, avaient été placées sur le faîte et le bas-côté des baraques. Des espèces de câbles en fil de fer reliaient la toiture au sol, à seule fin d'en augmenter la solidité.

Certaines années, il tombe même de la neige sur les massifs montagneux des environs, voire même à Béja, le 18 avril 1883. Il est vrai que c'était une année exceptionnelle, au dire des Arabes, car ils prétendaient que, de mémoire d'homme, ils n'avaient eu de la neige à Béja.

La transition entre l'hiver et l'été est à peine sensible ; quant à l'automne, il s'annonce souvent par des pluies torrentielles qui permettent aux Arabes de commencer à labourer. Les labours souffrent du retard dans les pluies, et la croissance de l'herbe des pâturages est alors lente. La question des pluies est donc capitale pour la prospérité de ce pays, la richesse de ses habitants résidant surtout dans la culture et l'élevage des troupeaux.

Sources et puits. — Eaux potables.

Toute la région qui s'étend au Nord de Béja, possède des eaux bien meilleures et plus abondantes que la contrée Sud de ce point. Dans la région Nord, on trouve une quantité de sources d'eau excellente, fournissant un rendement suffisant pour approvisionner les habitants et les caravanes, mais en revanche on y rencontre moins de culture, parce que l'eau n'est pas utilisée à l'irrigation des terres. Il est vrai de dire que l'on pourrait aisément améliorer sensiblement, sous tous les rapports, le rendement des sources. rien qu'en les aménageant et en les captant.

La partie Sud de Béja, comprise entre l'Oued-Zergua à l'Est, la Medjerda au Sud et l'Oued-Kessob à l'Ouest, est loin d'être aussi favorisée sous le rapport de l'eau potable. Il est arrivé en 1881, au moment de l'expédition de Tunisie, que la plupart des troupes qui se trouvaient de passage ou campées sur la ligne de Bône-Guelma, étaient privées d'eau potable. Pour remédier à cet inconvénient, l'autorité avait été obligée de donner des ordres pour faire transporter à Béja et autres lieux, l'eau nécessaire au ravitaillement de la troupe. L'eau était prise à *Tunis*, puis transportée dans des wagons-réservoirs jusqu'à destination, puis déposée dans une citerne de la gare de Béja. De là, elle était distribuée à la troupe. mais pas en quantité suffisante. On éprouvait de grandes difficultés pour s'en procurer à volonté.

Dans la région du Sud, l'eau contient généralement du sel, exemple : l'eau de la Medjerda, d'autres rivières ou ruisseaux contiennent de la magnésie. Cependant, il est à remarquer qu'aucun des puits de cette région ne contient d'eau amère, que, par suite, tous les puits situés dans la région Sud, peuvent servir à abreuver le bétail, et que les chameaux et même les chevaux boivent volontiers l'eau de ces puits ainsi que l'eau de la Medjerda.

Voici quelques échantillons d'eaux analysées par M. Moissonier :

Béja. — Eau du puits du Bardo. Limpide, aéré. Saveur agréable, odeur nulle ; — l'analyse chimique décèle 11 centigrammes de résidu par litre, ce qui est une excellente proportion. Ce résidu se compose surtout de bicarbonate de chaux, dont la présence rend l'eau disgestible et agréable. Il n'y a que des traces de sulfate de chaux et de matière organique. C'est là une eau excellente sous tous les rapports.

Souk-Ahras. — Saveur désagréable. — Résidu par litre : 95 centigrammes (cette proportion est beaucoup trop forte. Elle ne dépasse pas 30 centigrammes par litre dans les eaux de bonne qualité). — Matières organiques environ 25 centigrammes par litre. Cette proportion est considérable. — Cette eau est très mauvaise et doit occasionner des accidents.

Fernana. — (Camp Carthaginois), odeur désagréable. — Résidu par litre : 20 centigrammes. — Matières organiques en décomposition ; quantité très appréciable. La présence de ces matières organiques et l'odeur désagréable lorsqu'elles sont en putréfaction, rendent cette eau très suspecte. On constate parmi les hommes du 7e chasseurs et du 83e qui en font usage, de nombreux cas de diarrhée ; immédiatement, sur le rapport du médecin du 7e chasseurs, le commandant supérieur en interdit l'usage.

S'il n'y avait pas eu moyen de s'en procurer d'autre, on n'aurait pu l'améliorer que par l'ébullition et le filtrage avec charbon, après refroidissement.

Population.

La population du territoire que nous nous avons parcouru, est peu dense : le pays est en pleine décadence depuis la domination turque, et la mauvaise administration des derniers beys est une des causes sérieuses de la dépopulation.

La population est incontestablement bien inférieure à ce que l'on rapporte des temps passés ; plusieurs causes ont contribué à cette décadence, et voici les principales : 1° les exactions administratives de toutes espèces ; 2° les maladies épidémiques ; 3° climat malsain. L'émigration qui s'est produite au début de l'expédition en 1881. Les renseignements fournis au gouvernement beylical par les chefs indigènes sont loin d'être vrais. Il s'en suit donc qu'il est fort difficile de pouvoir, même approximativement, donner le chiffre de la population, de l'ensemble des douars faisant partie du cercle de Béja. Du reste, il n'est pas nécessaire de posséder ce renseignement, qui, à mon avis, est sans importance. Il suffira au lecteur de savoir que la population générale de la Tunisie s'élève à 1,200,000 habitants, d'après les renseignements qui m'ont été fournis par la Résidence, il y a environ quatre ou cinq mois.

Quant à la population de la ville de Béja, il est beaucoup plus facile de s'en rendre compte à peu près exactement. Voici la décomposition par catégorie d'individus et le nombre de chaque nationalité :

Population totale		1.585
	Arabes	1.300
	Juifs	90
Dont....	Maltais	80
	Italiens	70
	Français	45

A part la ville ou plutôt le village de Béja, il n'y a aucune agglomération méritant l'attention. La partie du territoire traversé, ne comprend guère que deux tribus : les Amdun et les Ouchtetas.

Production du sol.

Le sol produit toutes les espèces de céréales. Les vergers, trop rares malheureusement, renferment à peu près tous nos arbres fruitiers : amandiers, abricotiers, pêchers, poiriers, pommiers, pruniers, cerisiers, cognassiers, et ceux du pays, tels que grenadiers, jujubiers, citronniers, orangers, figuiers. Tous ces arbres sont de belle venue, principalement les figuiers, ils produisent, selon l'espèce, des figues blanches ou noires. Enfin, il faut citer les figuiers de Barbarie ou cactus, que l'on trouve disposés soit en ligne parallèles, soit en haies : le fruit, hérissé et piquant, fait la nourriture d'un grand nombre de familles pendant l'été.

Les vergers produisent encore des melons, pastèques, tomates, piments, etc., etc.

Les quelques vergers que nous avons rencontrés, sont placés près d'eau courante, qui en permet l'irrigation laquelle, à son défaut, se fait au moyen de norias assez primitifs.

L'olivier n'abonde pas dans cette contrée, pas plus que les autres essences d'arbres. Il est assez difficile de se procurer du bois de chauffage, car il n'en existe pas à proximité du camp.

En 1882 et 1883, le fournisseur de la troupe était obligé d'aller jusqu'à l'Oued-Zergua chercher du bois de chauffage, de le faire transporter par le chemin de fer jusqu'à la gare de Béja. De la gare, il était ensuite transporté au camp au moyen de voitures à deux roues ou *arabas*, conduits par des arabes ou des maltais.

Les essences feuillues font à peu près complètement défaut dans les environs qui se trouvent à proximité de Béja. Presque partout, le sol en est dépourvu.

Agriculture. — Industrie. — Commerce.

Le sol est loin d'avoir la fécondité de l'ancienne Afrique romaine, et ceci pour plusieurs raisons : 1° les Arabes livrés à eux-mêmes, non seulement ils n'ont fait aucun progrès, mais ils ont perdu les traditions des procédés de culture des temps passés. L'administration imprévoyante des gouvernements qui se sont succédé depuis l'invasion musulmane, n'a pas su conserver ou développer des systèmes d'irrigation capables de donner sur certains points une grande fertilité ; — 2° aucun procédé moderne, actuellement en usage en France et à l'Étranger, n'a été mis en pratique par les Arabes ou Tunisiens ; — ils se contentent de gratter le sol tant bien que mal, puis ils répandent le grain sur la terre ainsi labourée, sans se préoccuper du reste. Je n'ai jamais vu un arabe cultiver la terre avec goût ; quoiqu'il en soit, le sol produit toutes les céréales.

Les travaux agricoles commencent à l'époque des pluies, vers la mi-octobre, par le froment et les fèves, ils continuent en novembre par l'orge et les pois chiches. La récolte se fait en juin pour l'orge, et fin juillet pour le froment ; on cultive surtout le blé dur. Le grain rend, en moyenne, de 8 à 11, dans les meilleures récoltes, ou dans les terres les mieux cultivées, la moyenne s'élève jusqu'à 14 et même 17.

Les Tunisiens ne battent pas le grain ; ils le foulent sous les pieds des chevaux ou des mulets sur des aires battues et recouvertes de terre glaise ou de fiente de vache.

La paille en sort brisée et constitue le *teben* ; elle est entassée sur l'aire même et couverte pour les besoins de l'hiver. Ils vannent le grain en le jetant en l'air à la pelle, à l'opposé du vent, et ils le conservent dans des silos qui leur tiennent lieu de grenier.

La culture des terres et la répartition des récoltes se font de la manière suivante :

On appelle *zouidja*, l'espace de terre que peut labourer une paire de bœufs. Les propriétaires emploient des khammès : ils leur fournissent le cheptel et la semence, les khamea font les travaux et gardent pour leur salaire le cinquième de la récolte. Leur nom de khammès, vient du mot « khamsa » qui veut dire cinq.

Industrie.

L'industrie peut être considérée comme nulle à peu près.

Il y a cependant dans l'intérieur de la ville de Béja quelques rares ateliers et des plus primitifs, où l'on fabrique des epèces de sabots sculptés. Ils sont en bois d'olivier ou de caroubier ; une espèce de bride en cuir garnie de laine sert à fixer le pied sur le corps du sabot. Cette espèce de chaussure assez coquette, est portée par les femmes des arabes qui ont une certaine fortune. Le prix d'achat est de trois à cinq francs la paire et connue à Tunis sous le nom de « babouches d'El-Baja ». Les ouvriers peuvent gagner 1 fr. 50 par jour pour ce travail. Qnant aux femmes, il y en a quelques-unes qui se livrent à la confection de burnous ou de *flidjs* (tentes) pour les besoins de leur famille.

A part la vente des grains, qui est assez considérable, le commerce est à peu près nul.

Le bétail est généralement d'une qualité médiocre, le bœuf surtout ; on emploie celui-ci comme bête de labour. En revanche, il y a de forts beaux moutons ; ils sont très renommés comme qualité de viande.

Le mouton appartient à la race à queue large et graisseuse. Le prix d'achat n'est réellement pas élevé. L'auteur a acheté de superbes moutons, pesant de 20 à 28 kilog., pour la somme de 6 à 7 francs. Ces moutons étaient destinés à l'ordinaire de la compagnie.

Les volailles sont de petite venue et assez médiocres, il est vrai que le prix d'achat est bien moins élevé qu'en France. En 1882 et 1883, pour la somme de 1.50 à 2 francs, on se procurait d'assez bonne volaille à raison de 0.75 à 1 franc la pièce.

Chemin de fer. — Voies de communication.

Le cercle de Béja est traversé par le chemin de fer de Bône à Tunis, ayant un développement total de 354 kilom. En partant de Bône à 5 heures du matin, on arrive à Tunis-ville à 8 heures du soir et réciproquement. Le trajet s'opère en passant par les principaux points, tels que Bône, Duvivier, Souk-Ahras, Ghardimaou, Souk-el-Arba et Tunis. Prix des places : 1re, 39 fr. 65 ; 2e, 30 fr. 10 et 3e, 21 fr. 25.

Les voies de communications ne sont pas nombreuses. Avant l'arrivée des Français en Tunisie, il n'en existait aucune dans cette région. En 1882 et 1883, certaines modifications ont été apportées. Les troupes ont été employées à la construction des routes du camp à Béja-ville. De Béja-ville à la gare, un tracé avait été fait par les soins du génie, mais ce travail n'a jamais été achevé depuis. En 1883, le 92e avait été chargé de construire un chemin de Béja-camp à Souk-el-Tnin (voir l'itinéraire).

L'entretien des routes et des chemins est complètement nul dans la partie du territoire que nous avons eu à parcourir, et nous croyons qu'il en est de même partout ou à peu près dans toute la Régence, excepté dans les environs de Tunis et de Aïn-Draham où des routes ont été construites par le corps d'occupation.

V. DURAFFOURG.

Lille Imp. L. Danel.

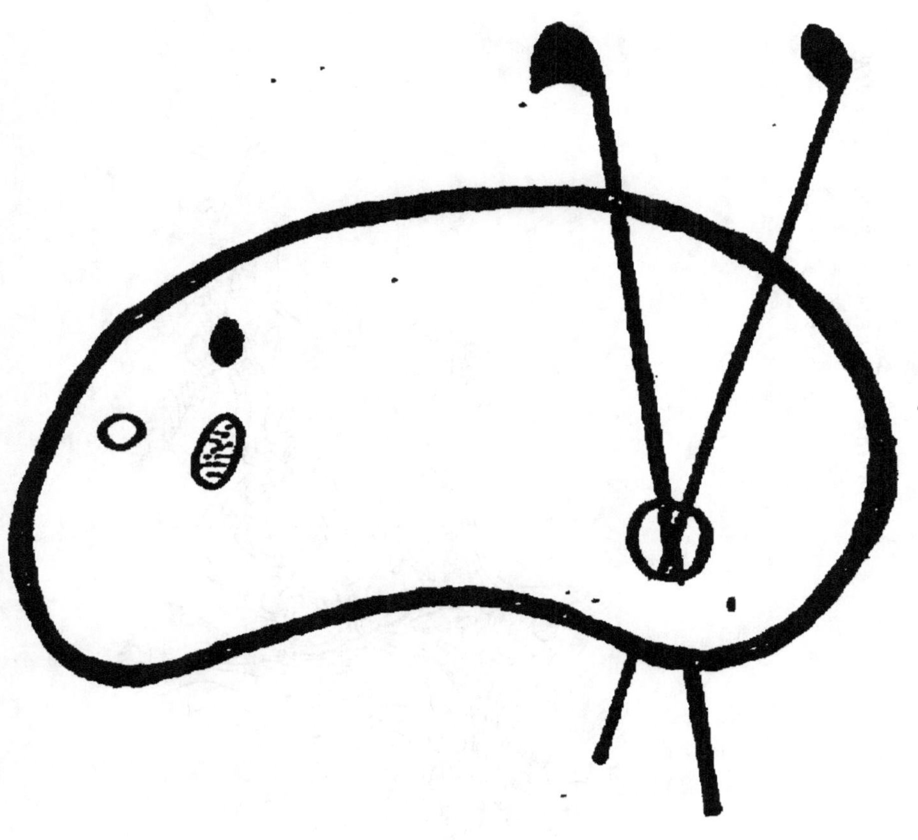

ORIGINAL EN COULEUR
NF Z 43-120-8

ITINÉRAIRE DE BÉJA A SOUK-EL-TNIN.
par le Khanguet-el-Fehama.
Amdouin
Aïn Zitouna
Ouleds Brahim
Souk el Tnin
Sidi Abdelbassod
Douar
des Ouleds Brahim
plaine
O. Kessab
Khanguet el Fehama
Cercle d'Aïn-Draham.
Douar Aïn Omera
el Guerïah
Chiahia
Douar
R.R.
Cheria
R.R.
R.R.
BÉJA
R R Ruines romaines
... Limites.
Echelle au 1/100,000

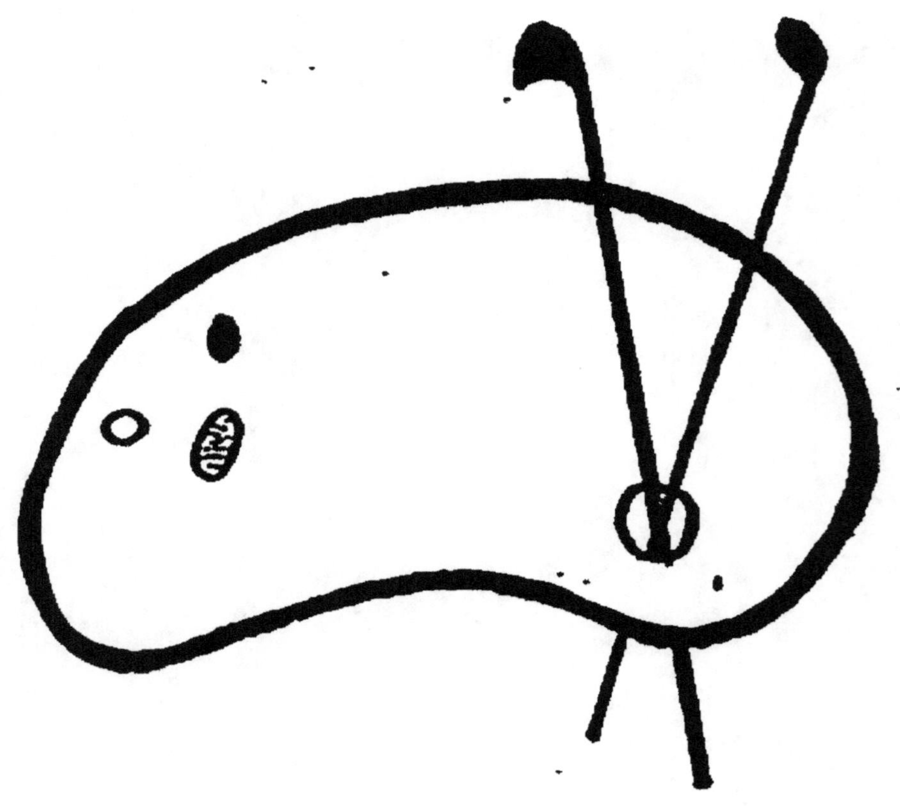

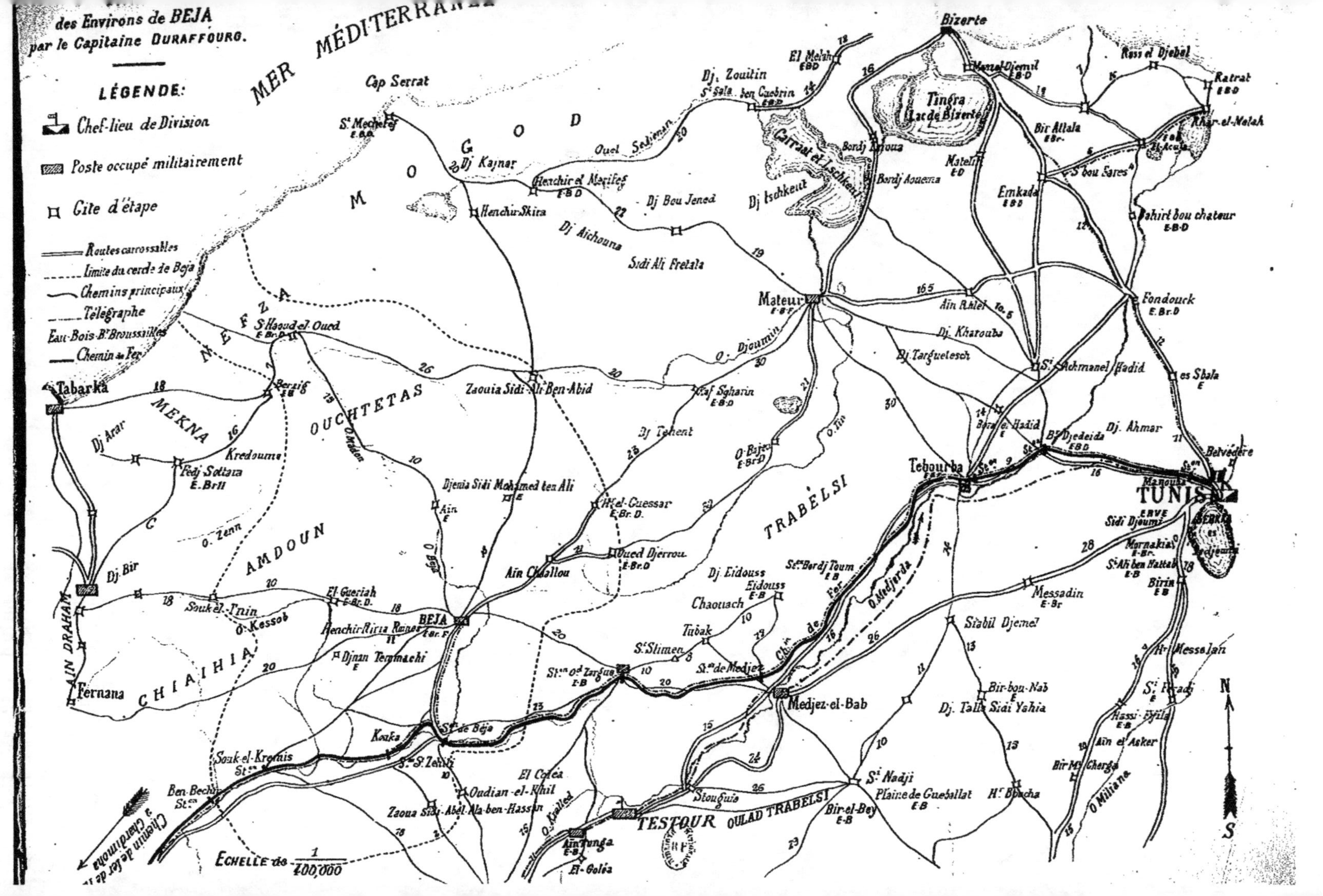

des Environs de BEJA
par le Capitaine DURAFFOURG.
LÉGENDE:
Chef-lieu de Division
Poste occupé militairement
Cité d'étape
Routes carrossables
limite du cercle de Beja
Chemins principaux
Télégraphe
Eau-Bois-B.Broussailles
Chemin de Fer
MER MÉDITERRANÉE
Cap Serrat
MOGOD
MEKNA
OUCHTETAS
AMDOUN
CHIAHIA
TRABELSI
TESTOUR OULAD TRABELSI
AIN DRAHAM
Tabarka
BEJA
TUNIS
Bizerte
Medjez-el-Bab
Mateur
Tebourba
Fondouck
Echelle de 1/400,000